AF366537



# NERÉE QUÉPAT

# LE CHASSEUR
# D'ALOUETTES

## AU MIROIR ET AU FUSIL

# PARIS

LIBRAIRIE CENTRALE D'AGRICULTURE ET DE JARDINAGE

RUE DES ÉCOLES, 62, PRÈS LE MUSÉE DE CLUNY

— Auguste GOIN, éditeur —

# LE CHASSEUR

# D'ALOUETTES

## AU MIROIR ET AU FUSIL

# NERÉE QUÉPAT

# LE CHASSEUR
# D'ALOUETTES

## AU MIROIR ET AU FUSIL

Alouette des champs.

PARIS

LIBRAIRIE CENTRALE D'AGRICULTURE ET DE JARDINAGE

RUE DES ÉCOLES, 62, PRÈS LE MUSÉE DE CLUNY

— AUGUSTE GOIN, ÉDITEUR —

A

*M. Charles PÊCHEUR (de Woippy)*

JE DÉDIE

CE PETIT LIVRE.

MŒURS, NOURRITURE, CAUSES DE DESTRUC-
TION DE L'ALOUETTE, ABSURDITÉ DE L'IN-
TERDICTION DE LA CHASSE AU FILET


L'alouette commune [1] est un oiseau trop
connu pour que je me donne la peine de

[1] Ray distingue six espèces d'alouettes (*Synopsis avium*,
p. 69). Klein n'en compte que sept (*Ordo avium*, p. 71,
fam. 4, gen. 6). Brisson en compte douze (*Ornithologie*,
t. III, p. 334 et suiv.). Comme Klein, Temminck en compte
en tout sept espèces (*Manuel d'Ornithologie*, p. 275 et
suiv.). M. J. Crespon (*Ornithologie du Gard*) prétend que
l'on en connaît trente espèces, dont onze se trouvent en
Europe et six en France. Ces diverses opinions prouvent
l'accord remarquable qui a toujours existé entre les naturalistes.

Comme Toussenel, nous ne reconnaissons en France
que six espèces d'alouettes, savoir : la *Calandre*, la *Calan-
drelle*, le *Hausse-Col*, le *Cujélier*, le *Cochevis* ou *Alouette
huppée* et enfin *l'Alouette commune*. Il va sans dire que
c'est seulement de cette dernière que nous nous occupons
dans cet ouvrage.

décrire son vol, son chant [1], son plumage [2], je ne crois même pas nécessaire

Fig. 1. — Alouette commune.

d'entrer dans de longs détails sur sa struc-

[1] L'alouette commune est peut-être le seul oiseau qui, à l'état libre, ne chante qu'en volant. Parmi les oiseaux qui chantent souvent en volant, j'ai remarqué le cini, le loriot, le bruant et la fauvette babillarde, que Toussenel voudrait que l'on nommât : *fusée chantante.*

[2] « La couleur de sa robe, dit Toussenel [*], est celle de la terre ; par les temps gris, il est à peu près impossible de la distinguer à dix pas ; Dieu l'a vêtue de cette robe comme le lièvre, pour la dérober à la vue de ses innombrables ennemis. » M. Toussenel, on le voit, est un téléologiste

[*] *Monde des oiseaux*, t. II, p. 256.

ture anatomique; on trouvera sur tout cela de nombreux renseignements dans les in-folios des naturalistes, lesquels d'ailleurs, rendons-leur cette justice, connaissent infiniment mieux l'anatomie des oiseaux que leurs mœurs.

Une remarque avant d'aller plus loin. Je vais peut-être étonner bien des gens en leur confessant que je n'ai jamais entendu d'oiseaux parler et faire de la philosophie : or, il paraît que je me suis grossièrement mépris; plus heureux que moi, M. Toussenel a entendu des oiseaux parler et philosopher. Heureux mortel! « L'oiseau, dit-il[1], est en effet de tous les êtres parlants le premier qui ait dit : Le bonheur des individus et le rang des espèces sont en raison directe de l'autorité féminine... et inverse de la masculine. »

irréconciliable, il s'imagine bénévolement que Dieu n'a rien créé sans motif. Si l'alouette est vraiment utile à quelque chose, pourquoi Dieu a-t-il créé les oiseaux de proie qui lui font une guerre si acharnée, et, il faut bien le dire, toujours couronnée de succès ? Serait-ce par hasard pour jouir du spectacle de les voir dévorer les autres ?

[1] *Monde des oiseaux*, édit. de 1866, t. I<sup>er</sup>, p. 39.

Cette formule contient énormément de choses, entre autres : « Le secret des destinées heureuses, et la loi du mouvement pivotal ». Sur ce, il ne nous reste plus qu'à remercier l'oiseau auquel nous devons de si intéressantes élucubrations et à pivoter vers notre sujet principal.

L'alouette se rencontre dans tous les pays de l'Europe; elle niche dans les plaines et affectionne particulièrement celles situées sur des hauteurs et bien vallonnées; les cailles aiment aussi ce genre de terrain.

Elle fait généralement deux pontes par an et va même jusqu'à trois dans les contrées méridionales; elle construit son nid assez rustiquement, mais en revanche, le dissimule avec beaucoup d'art, tantôt entre deux mottes de terre, tantôt dans la rainure des sillons, ou dans une touffe d'herbe plus épaisse que les voisines; le nombre de ses œufs varie de quatre à cinq.

Les jeunes alouettes se développent

très-rapidement; huit ou neuf jours après leur éclosion, elles sont en état de quitter leur nid : toutefois, elles ne s'en écartent guère que lorsqu'elles peuvent se passer du secours des pères et mères.

Trois choses sont excessivement préjudiciables aux jeunes alouettes : la grêle, les grandes pluies d'orage qui les tuent et les noient quelquefois, enfin les crevasses produites dans le sol par une longue sécheresse, véritables précipices pour ces pauvres petites bêtes et dont il leur est très-difficile et souvent même impossible de se tirer. Ce fait ne se produit, il est vrai, que dans les terres fortes, argileuses, marneuses ou glaiseuses; je l'ai observé en Lorraine, aux environs de Metz. L'alouette se nourrit de toutes sortes d'insectes, mais principalement de grains tels que blé, avoine, etc., qu'elle préfère de beaucoup aux insectes. Dès que ces grains sont mûrs, elle s'en nourrit presque exclusivement.

Avant la moisson, les alouettes sont constamment dans les champs de blé,

d'avoine, de seigle; en automne, elles se
tiennent dans les éteules où elles trouvent
encore du grain répandu sur le sol; à
l'arrière-saison, les terres nouvellement
ensemencées sont toujours remplies d'é-
normes bandes de ces oiseaux.

Malgré cette préférence marquée pour
les grains, préférence que tous les chasseurs, oiseleurs et tendeurs peuvent observer constamment, certains naturalistes
ou plutôt certains cuistres à lunettes
bleues et aux mains sales ont eu l'audace
d'affirmer que l'alouette rend d'inappré-
ciables services à l'agriculture en ne se
nourrissant à peu près que d'insectes nui-
sibles [1]; c'est même une des principales
raisons que nos législateurs ont invoquée

[1] L'alouette ne se nourrit d'insectes qu'au printemps et
en été, à défaut de grains; bien des auteurs, du reste, ont
été frappés comme nous de cette préférence pour le grain.
Voyons un peu : « L'alouette, dit MAUDUYT, se nourrit de
grain, principalement de différentes espèces de blé, et se
plaît sur les terres labourées ». (*Ornithologie*, 1784, in-4°,
p. 484.) — « Après les couvées, dit J.-B. BAILLY, les
alouettes s'attroupent et s'abattent de préférence sur les
terres tout récemment ensemencées et y dévorent le grain,
même celui qui commence à germer ». (*Ornithologie de la*

pour interdire la chasse de l'alouette au filet; ajoutez à cela qu'ils la considèrent comme un oiseau sédentaire, ce qui est complétement faux comme je le démontrerai dans le chapitre suivant.

Que l'on ait interdit la chasse au traîneau ou filet de nuit, que l'on ait interdit l'emploi des autres engins du même genre, je le comprends parfaitement et n'y trouve point à redire, mais, je le déclare, la prohibition du filet fixe à deux pans, dit nappes à alouettes, et à large maille, spécialement destiné à la chasse de l'alouette et dont on ne peut du reste se servir que pendant le jour, cette prohibition, dis-je, se comprend plus difficilement.

Je ne nie pas, remarquez-le bien, que cette chasse ne soit assez destructive; mais il faut songer que le nombre des

---

*Savoie*, t. III, p. 373.) — « Devenues adultes, dit M. H. BOUTEILLE, les alouettes vivent principalement de graines. » (*Ornithologie du Dauphiné*, t. Ier, p. 273.) Donnez à des alouettes réduites en captivité, du grain et des insectes, vous les verrez se précipiter sur le grain et délaisser les insectes.

tendeurs est en résumé très-restreint, car cette tendue demande beaucoup d'habitude, d'expérience, nécessite certains frais, occasionne en outre une grande dépense de temps, bref ne convient qu'à de rares amateurs et est absolument incapable de rapporter de sérieux bénéfices aux braconniers ou aux individus qui font de la chasse un gagne-pain.

Cette prohibition est d'autant plus ridicule et vexatoire, que l'autorité ne réprime pas sérieusement le braconnage en général et le braconnage de nuit en particulier.

Tandis que les chasseurs honnêtes sont privés d'un plaisir fort innocent, les braconniers, eux, fonctionnent tout à leur aise pendant la nuit, et comme ils s'en donnent !

Pour ne parler que des alouettes, ces messieurs en prennent annuellement une énorme quantité au filet de nuit, dit traîneau. Toutes les alouettes qui garnissent les marchés de Paris et des grandes villes de France, sont capturées au filet de nuit ; l'autorité le sait très-bien, mais elle fait semblant de ne point s'en apercevoir.

A quoi sert alors d'interdire la chasse de jour au filet fixe à deux pans ?

En face de cette impunité assurée aux braconniers, cette prohibition, je le répète, ne devient-elle pas inutile, ridicule et vexatoire ?

Du reste, malgré la loi de 1844 et l'interdiction du filet, on a remarqué que les alouettes avaient sensiblement diminué de nombre depuis une trentaine d'années; or, toutes les prohibitions possibles et imaginables n'empêcheront pas ces oiseaux de diminuer, car cette diminution tient à des causes contre lesquelles on est impuissant; elle tient tout simplement aux progrès de l'agriculture en Europe et à la multiplication croissante des prairies artificielles, telles que les luzernières, tréflières, sainfoins.

En effet, de nos jours, les paysans sont constamment dans les champs à sarcler, biner, fumer, nettoyer, piocher, bêcher, arroser, ce qui occasionne la destruction involontaire de bien des nids, non-seulement d'alouettes, hélas ! mais aussi de cailles et de perdreaux[1].

S'ils allaient seuls aux champs encore ! Malheureusement, ils n'y vont pas seuls. Quel est le fermier ou le paysan à l'aise

[1] Parmi les nombreux ennemis de l'alouette, n'oublions pas les oiseaux de proie, les renards, les fouines, loirs, belettes, putois, n'oublions pas surtout les chats. Les chats jouissent d'une réputation usurpée; c'est une grave erreur de s'imaginer qu'ils haïssent les rats et les souris; bien au contraire, ces animaux vivent en parfaite intelligence avec ces messieurs. Dans les villes, les chats ne servent qu'à réveiller tout le monde par leurs miaulements formidables, et dans les campagnes, ils ne rendent d'autres services que de dévorer chaque année une énorme quantité de lièvres, de perdreaux, de cailles et d'alouettes. Pour moi, chaque fois que je rencontre un chat en rase campagne, je n'hésite pas à lui envoyer un bon coup de fusil. Je m'étonne que les chasseurs n'aient pas encore pensé à organiser une société secrète, *internationale*, ayant pour but l'extermination de la gent féline dans les cinq parties du monde. Puisque l'on est en train d'établir de nouveaux impôts, on devrait bien taxer les chats : 50 francs par tête ne me paraîtrait pas exorbitant. Il serait même à désirer que l'Assemblée nationale fît une loi ainsi conçue :

ARTICLE PREMIER. — Il est défendu à tout citoyen français de posséder plus de deux chats.

ART. 2. — Toute infraction à la présente loi sera punie de cinq ans de prison et de 10,000 fr. d'amende.

ART. 3. — La récidive emportera la peine des travaux forcés à perpétuité.

ART. 4. — Tout propriétaire qui aura le toupet de réclamer à un chasseur le prix d'un chat qu'on lui aura tué hors de sa maison, sera condamné à l'enterrer lui-même.

qui, maintenant, ne possède un chien quelconque ? Ces maudits animaux, à force de courir, de vagabonder, de fureter à droite et à gauche, dans tous les coins et recoins, finissent par détruire une grande quantité de nids d'alouettes, de cailles et de perdreaux, sans compter les jeunes lièvres qu'ils happent chemin faisant.

Quant aux prairies artificielles, elles occasionnent une grande destruction de nids, car on les fauche dès la fin de mai ou au commencement de juin, c'est-à-dire à l'époque de la ponte ; sans doute, l'alouette niche ordinairement dans les blés, les seigles et les avoines, mais elle niche souvent aussi dans les prairies artificielles où elle trouve un abri protecteur que ne lui offrent pas toujours les blés, les seigles et les avoines lorsque, par exemple, leur croissance a été retardée par la rigueur de l'hiver ou par l'intensité des gelées printanières.

# L'ALOUETTE EST UN OISEAU DE PASSAGE

Toussenel , Deyeux , J. Lavallée ,
A. d'Houdetot , le docteur Chenu , le
commandant Garnier [1], prétendent que

[1] Si le commandant Garnier qui affirme avec la plus
grande énergie que l'alouette n'est pas un oiseau de passage (Voy. *Traité complet de la chasse des alouettes au
miroir*, 2e édit., 1866, p. 9), a pour lui l'autorité « assez
respectable », comme il le prétend, des Toussenel, Lavallée, Deyeux, d'Houdetot, Chenu, en revanche, j'ai pour
moi l'autorité non moins respectable assurément d'A-
ristote (Voy. *Histoire des animaux*, édit. de 1783, t. Ier,
liv. VII, p. 499), de Valmont de Bomare (Voy. *Dictionnaire
d'histoire naturelle*, art. ALOUETTE), de Mauduyt (Voy. *Ornithologie*, 1784, in-4º, p. 482), de M. de Crespon (Voy. *Ornithologie du Gard*, p. 192), de M. Roux (Voy. *Ornithologie
provençale*, t. Ier, p. 278 et 279), de M. J.-B. Bailly
(Voy. *Ornithologie de la Savoie*, t. Ier, p. 373 et 377), de
M. H. Bouteille (Voy. *Ornithologie du Dauphiné*, t. Ier,
p. 275), de MM. Degland et Gerbe (Voy. *Ornithologie
européenne*, t. Ier, p. 340).

l'alouette commune n'est pas un oiseau de passage.

Au risque de passer pour un individu rempli de présomption et d'outrecuidance, je me permettrai de ne pas partager l'opinion des auteurs sus-nommés, quelque respectable que puisse être leur autorité en cette matière ; et, au lieu de me borner comme ces messieurs à affirmer simplement en quelques mots mon opinion, je vais prendre la peine de démontrer par des preuves irréfutables qu'elle est la seule que l'on doive admettre.

Sans doute, l'alouette ne doit pas être rangée dans la catégorie des oiseaux de passage, si l'on ne veut donner cette qualification qu'aux oiseaux qui, comme les

Tous ces auteurs considèrent l'alouette comme un oiseau de passage, avec cette restriction, toutefois, que son émigration n'est que partielle. J'ai pour moi, enfin, l'opinion très-respectable aussi de presque tous les chasseurs, oiseleurs et tendeurs du département de la Moselle, en tête desquels il convient de citer M. Charles Pêcheur (de Woippy) dont le nom jouit d'une grande notoriété parmi les tendeurs du pays Messin ; après lui, je citerai encore MM. Prost, Aerts, de Bourcet, Florentin, Plassiard, Alfred de Bollemont, Eugène Rolland (de Rémilly), Clause-Hoffmann, Cadet, Bertin.

fauvettes, les rossignols, les loriots, les tourterelles, etc., disparaissent complétement du nord et de l'est de l'Europe au commencement de la mauvaise saison, et vont se réfugier dans les contrées méridionales.

Il reste évidemment un certain nombre d'alouettes dans le nord et l'est de l'Europe pendant l'hiver, mais la plupart de ces oiseaux gagnent les pays chauds, et je ne crois pas que le voyage qu'ils effectuent pour y parvenir, puisse être qualifié de « simple déplacement », terme employé par le commandant Garnier et A. d'Houdetot.

En effet, pendant le mois d'octobre et la première quinzaine de novembre, on observe en Lorraine[1] un grand passage d'alouettes; il y a des jours notamment où depuis le matin jusqu'au soir, le ciel en est presque incessamment sillonné. En ces jours exceptionnels, le passage est généralement aussi abondant sur tous les

[1] Ce passage a lieu également dans le nord de la France, toutefois, il n'y est pas aussi considérable qu'en Lorraine.

points des départements de la Moselle, de la Meurthe et de la Meuse. Ces alouettes diffèrent beaucoup de celles qui nichent dans le pays, elles sont plus rondelettes, plus grasses, plus petites ; leur cri de rappel est plus vibrant et leur plumage d'une nuance plus blanchâtre ; elles arrivent incontestablement du nord de l'Europe, de la Suède, de la Finlande, de la Russie, de la Hollande, de l'Allemagne ; leur vol est rapide, elles ne descendent guère à terre que pour prendre leur nourriture, elles se dirigent vers le midi[1] et voyagent surtout quand le vent souffle de l'est et du sud[2].

Or, je trouve, et bien des gens seront

[1] Ces alouettes franchissent en grand nombre les Alpes en Suisse et en Savoie. « Tous les ans, dit M. J.-B. Bailly, il se fait en Suisse et en Savoie un passage d'alouettes *constamment plus petites* que celles qui y sont sédentaires ; cependant, je les regarde comme étant de la même espèce : peut-être doivent-elles constituer une race locale, particulière à quelques contrées froides de l'Europe. » (*Ornithologie de la Savoie*, t. III. p. 377.)

[2] Vers le 20 octobre, par le vent du sud-ouest et de l'ouest, on observe souvent de grands passages ; les alouettes voyagent alors même par la pluie ; elles volent bas et très-vite.

de mon avis, que c'est étrangement abuser de la valeur des mots, que de qualifier simplement de « déplacement » une émigration aussi nettement caractérisée.

Je sais bien que beaucoup de ces bandes d'alouettes s'arrêtent et séjournent parfois durant l'hiver dans les plaines de la Brie, de la Beauce, de la Champagne et particulièrement dans les vallées abritées de la Bourgogne, du Languedoc, du Roussillon, de la Gascogne, de la Provence[1]; qu'une fois là elles vont et viennent, courent à droite et à gauche, remontent quelque peu vers le nord où descendent plus au midi, suivant les variations de la température, suivant la facilité où la difficulté qu'elles trouvent à se nourrir; ce sont là sans aucun doute de « petits déplacements », comme le dit le commandant Garnier, mais le voyage qu'elles ont effectué pour gagner ces con-

---

[1] M. J. Crespon nous apprend qu'en hiver, les alouettes sont très-nombreuses dans le Gard et la Camargue; dès le mois d'octobre, dit-il, elles arrivent « par bandes pendant tout le temps que s'opère leur passage. » (*Ornithologie du Gard*, p. 102.)

trées, ce voyage, dis-je, constitue-t-il, lui aussi, un simple « petit déplacement » ? Bref, des oiseaux qui viennent de la Russie, de la Suède, de l'Allemagne, etc., chercher nourriture et abri dans le centre et le midi de la France, ces oiseaux, dis-je, ont-ils émigré où se sont-ils seulement déplacés?

L'erreur de mes adversaires provient en partie de ce qu'ils s'imaginent que les agglomérations d'alouettes que l'on voit en France en hiver et en automne, sont composées d'alouettes de pays — puisque les alouettes du nord viennent en France, il est probable que la plupart des alouettes qui nichent en France l'abandonnent en hiver pour aller plus au sud, soit par exemple en Espagne, en Italie, en Sicile, dans les provinces danubiennes, etc....

Notez en outre que les alouettes qui passent l'hiver en Italie, en Espagne, en Illyrie, en Roumanie, en Sicile, en Grèce, en Turquie, en Égypte, en Syrie, en Algérie, sont tout au moins aussi nombreuses que celles qui demeurent dans le centre et le midi de la France.

En Lorraine, on rencontre peu d'alouettes en hiver, et encore celles qu'on y rencontre ne sont pas des indigènes, mais bien des émigrantes du nord; quand le froid est rigoureux, le nombre de ces oiseaux diminue considérablement, même dans le centre et le midi.

Donc, je crois qu'on peut sans témérité, et même sans tomber dans « une erreur manifeste » ainsi que le dit le commandant Garnier, considérer les alouettes comme des oiseaux de passage, avec cette restriction toutefois, que leur émigration n'est pas générale et absolue comme celle de tant d'autres oiseaux.

———

DES DIVERS MIROIRS EMPLOYÉS

« Bien qu'il soit à présumer, dit le commandant Garnier[1], que depuis long-temps on ait dû mettre à profit pour les prendre au filet la manie des oiseaux mireurs, je n'en ai trouvé aucune trace dans Modus et successeurs. Louis XIII étant le premier qui ait tiré au vol, grâce à l'invention du petit plomb faite sous son règne, il reste évident que la chasse au miroir avec le fusil ne peut lui être antérieure.

« Malgré de nombreuses recherches, je n'avais rien pu découvrir, et il m'aurait

[1] *Traité* déjà cité, p. 10.

fallu passer de suite aux engins du XIX<sup>e</sup> siècle sans l'extrême complaisance de notre
admirable écrivain cynégétique, le marquis de Foudras, qui a bien voulu m'apprendre que son grand-oncle, le marquis
de Bologne qui a pratiqué toutes sortes
de chasses pendant près de trois quarts
de siècle, avait un goût tout particulier
pour celle-là, dès 1772. »

Nous reproduirons tout à l'heure la
communication du marquis de Foudras,
mais auparavant, nous prendrons la liberté de faire remarquer au commandant
Garnier qu'il n'a peut-être pas assez cherché, car s'il avait cherché un peu plus, il
aurait bien vite découvert à lui tout seul
que le miroir était un instrument très-
connu et très-répandu au dix-huitième
siècle. En effet, dans son *Ornithologie*[1],
Mauduyt décrit ainsi, pages 482-483, cet
engin : « Le miroir est composé de trois
pièces, savoir : celle qui porte les glaces,

---

[1] Paris, 1784, in-4º. Ce volume fait partie de l'*Encyclopédie méthodique* de Diderot et d'Alembert. On peut le
consulter à la bibliothèque du Jardin des plantes à Paris.

la pièce qui sert de pivot sur lequel pose le miroir et le troisième qui est le support des deux autres.

« On fait la première pièce d'un morceau de bois oblong, carré, légèrement courbé dans sa longueur. On lui donne environ six pouces de long, un pouce et demi d'épaisseur à sa surface inférieure ou courbe, un demi-pouce à sa supérieure ou convexe. On pratique des entailles dans cinq surfaces pour y mastiquer de petits morceaux de glace ; on enfonce de force une tige de bois cylindrique au milieu de la surface inférieure ; on fait plusieurs circonvolutions d'une corde autour de ce cylindre ; on a d'ailleurs un morceau de bois carré terminé en pointe, au gros bout duquel on pratique une hoche ou cavité ; la pièce qui est au-dessus de cette cavité est percée dans son milieu d'un trou qui répond à un autre trou semblable fait à la face inférieure du bois dans l'endroit où il a été entaillé.

« Les choses ainsi disposées, on passe la tige qui soutient le miroir à travers les deux trous pratiqués dans le support qui est la troisième pièce. On enfonce en terre le support terminé en pointe pour cette raison, et l'on est en état de se servir du miroir. »

Pour une description de miroir, celle-ci est remarquablement terne, mais elle prouve du moins que cet engin était très-employé au dix-huitième siècle; on en trouve d'ailleurs le dessin dans la planche xi, figures 4 et 5 du tome III des planches de l'Encyclopédie de Diderot et d'Alembert, édition de 1765.

Voici maintenant la description que donne le marquis de Foudras des deux miroirs employés par son grand-oncle le marquis de Bologne : « Ils étaient, dit-il, semblables quant à la forme, mais fort différents l'un de l'autre pour tout le reste.

« Le premier était en ébène d'un noir sombre comme la nuit, tout piqueté de petits morceaux de verre ronds pas plus gros que des paillettes. On eût dit un ciel noir d'hiver parsemé d'étoiles scintillantes.

La tradition affirmait que c'était presque toujours de celui-là que se servait le marquis, parce qu'il avait la propriété singulière de jeter au loin de très-vives lueurs qui attiraient l'attention des alouettes voyageuses où blotties dans le creux des sillons, et de ne briller que ce qu'il fallait quand elles faisaient le Saint-Esprit au-dessus de lui.

« L'autre miroir était en buis peint en vert, parsemé de croissants, de demi-lunes et de losanges en étain que l'on astiquait les jours de chasse avec du blanc d'Espagne pour leur donner autant de chatoiement que possible, le marquis se servait toujours de ce miroir lorsque les blés étaient verts, ce qui arrivait fréquemment vers la Toussaint quand le mois d'octobre avait été pluvieux. »

Passons en revue maintenant les miroirs employés de nos jours :

« Le meilleur système de miroir, dit Deyeux, est le plus ancien; il se compose d'une corde sans fin maintenue en double sur deux poulies; chacune d'elles est fixée au sommet d'un piquet ; les deux piquets sont fichés en terre à quarante pas de distance ; la poulie du piquet qui porte le miroir ne tourne pas, elle met en rotation le miroir planté sur une tige de fer et l'autre poulie est mobile. Sur ces quarante pas, le tireur en laisse dix derrière lui, et là, par conséquent, à trente pas du miroir, il place un gamin qui tire l'une des deux cordes au long desquelles il s'assied. »

Le commandant Garnier dit qu'il a vainement cherché un engin de ce genre ; il a été vraiment bien bon de prendre cette peine ; quant à moi, non-seulement je n'ai jamais vu un engin de cette sorte, mais je ne crois même pas qu'actuellement il en existe encore un seul dans les cinq parties du monde.

« Le miroir à alouettes, dit M. Baudrillart, à la page 520 de son *Dictionnaire des Chasses*[1], est une petite machine dans laquelle on a incrusté des morceaux

---

[1] Paris, 1834, in-4°. Cet ouvrage forme la troisième partie du *Traité général des eaux et forêts*, du même auteur.

de glace où des clous d'acier qui réfléchissent les rayons du soleil et dont on se sert pour exciter la curiosité de ces oiseaux et les attirer dans les piéges qu'on leur a tendus.

« On fait des miroirs à alouettes de plusieurs formes différentes : les uns représentent un quart de cercle; d'autres sont ronds en dessus et plats en dessous, d'autres encore sont plats et ronds comme une assiette; enfin il y en a qui forment un carré long.

« Le miroir le plus en usage se compose d'un morceau de bois pesant, ordinairement du poirier, de neuf à dix pouces de long, sur deux pouces à deux pouces et demi de hauteur, et un pouce et demi à deux pouces d'épaisseur à sa base. Les grands côtés sont taillés en biseau pour former deux grands plans inclinés, mais qui ne doivent pas être terminés en vive arête; dans d'autres, au lieu seulement de deux grands plans inclinés, les côtés sont taillés de manière à en former chacun deux ou trois plus étroits; les deux extrémités sont également taillées en biseau et forment des plans semblables à ceux des grands côtés. Chacun de ces plans est incrusté de divers petits morceaux de glace mastiqués dans des entailles à l'aide d'un enduit composé de trois parties de poix noire sur quatre de ciment rouge tamisé, le tout fondu ensemble.

« On peint tout le miroir d'une couleur rouge - brun mélangée avec de la colle seulement, en observant bien de conserver le brillant des glaces.

« Le miroir est percé par dessous, dans son milieu, d'un trou carré, à la profondeur d'un pouce, dans lequel on fait tenir une tige ronde (la partie qui s'y engage est carrée, bien entendu) en fer ou en cuivre jaune, qui est creusée cylindriquement pour recevoir juste une broche en fer fixée au pied enfoui solidement en terre; on imprime, à l'aide d'une ficelle manœuvrée à la main et qui s'enroule sur la tige à la surface externe de laquelle elle est arrêtée, un mouvement alternatif de rotation à cette tige qui, tournant ainsi autour de la broche, entraîne avec elle la tête de miroir.

« L'*Aviceptologie* contient la description et le dessin d'une autre machine que l'on fait mouvoir en tirant, de quart d'heure en quart d'heure et alternativement, deux ficelles attachées à deux cordes à boyaux roulées dans un sens contraire sur la même bobine; cette machine a, pour transmettre le mouvement, une roue dont les dents engrènent dans une vis sans fin. Bien que cet engin offre l'avantage de n'avoir pas besoin d'être remonté et de pouvoir être manœuvré par le tireur lui-même, je suis forcé de constater qu'il a complétement échoué, sans doute à cause de la trop grande facilité qu'on a pour se tromper tous les quarts d'heure.

« Il est encore un miroir, dit anglais, que le chasseur peut aussi faire tourner lui-même sans être gêné pour le tir.

« Ce miroir, qui est décrit dans l'*Aviceptologie*, et ainsi construit (une ma-

chine en bois en forme de plateau, garnie
intérieurement d'une pelote sur laquelle
sont attachés des boutons d'acier, ou, à
leur défaut, quelques morceaux de glace,
soutenue diamétralement par deux tenons
sur un demi-cercle en fer) conserve un
équilibre qui n'exige point, à beaucoup
près, l'assiduité et l'attention d'un tourneur. Le demi-cercle qui soutient le miroir est en acier et susceptible d'un peu
d'élasticité ; de la moitié de ce demi-cercle
part une queue à l'extrémité de laquelle
est emmanché un piquet qui sert à soutenir le miroir.

« Voyons maintenant la manœuvre de
ce singulier engin : le plateau doit être
horizontal afin de recevoir verticalement
les rayons du soleil ; c'est au moyen d'une
ficelle passée par un petit piquet qu'on
communique à cette machine un mouvement qu'elle conserve d'autant plus longtemps qu'elle est dans un plus juste équilibre. Ce mouvement, quoique borné,
devient régulier au moyen d'un petit ressort très-flexible attaché au plateau et

dont les extrémités touchent par intervalles,
et dessus et dessous, le demi-cercle; on
sent bien qu'entre les deux extrémités du
ressort il doit y avoir une distance de
trois doigts ou environ, afin que le plateau puisse être balancé en décrivant une
portion de cercle.

« Ce miroir, dont le mouvement se fait
lentement est peu propre à la chasse au
filet, parce que les alouettes s'y mirent
de trop loin, mais on peut s'en servir pour
la chasse au fusil. »

Ce miroir ne vaut absolument rien, et
personne d'ailleurs ne s'en sert maintenant; les alouettes s'y mirant de fort loin,
il faudrait pour les tuer, faire usage du
plomb numéro 7 ou 8. Or, avec ces numéros de plomb, il est presque impossible de
ne pas manquer.

Tous les miroirs que nous venons de
décrire exigent un tourneur, car il est à
peu près impossible à une personne seule
de tirer la ficelle, de tirer le fusil et de
ramasser les morts; aussi, un beau jour,
quelques malins ont-ils pensé qu'au lieu

d'avoir un tourneur, il serait peut-être préférable d'avoir un miroir marchant tout seul; de cette remarque naquit l'invention du miroir à mécanique, dit

Fig. 2. — Miroir tourne-broche.

tourne-broche. Toutefois, les premiers que l'on fit avaient un grave défaut, celui de tourner toujours dans le même sens; on en construisit alors qui, comme les miroirs à ficelle, étaient animés d'un mouvement rotatoire alternatif, mouvement que les alouettes préfèrent infiniment, on ne saurait dire pourquoi, par exemple, au mouvement simple.

Mais ces fameux engins si vantés par

les inventeurs, si prônés par les mar-
chands, ne tardèrent pas à tomber en
discrédit, car on s'aperçut bien vite qu'ils
avaient d'énormes inconvénients. Comme
le dit le commandant Garnier, « au bout
de vingt à vingt-cinq minutes, leurs oscillations se ralentissent d'une manière très-
sensible, et puis, on ne peut à volonté
augmenter ou diminuer leur vitesse de
rotation suivant l'état de l'atmosphère et
du soleil, faculté à laquelle plusieurs bons
praticiens attachent un grand prix. En
outre, ces miroirs compliqués se déran-
gent volontiers, surtout quand ils ne sont
pas entre des mains soigneuses, adroites
et exercées; les ressorts, entre autres,
cassent aisément par le froid pour peu
que la rouille s'en mêle, et c'est presque
toujours à un habile et, par suite, fort
cher ouvrier, qu'il faut confier leur répa-
ration, tandis que l'humble et rustique
miroir à ficelle, avec piquet en fer ou en
bois dur, peut être remis en état à peu de
frais par le premier artisan venu; de plus,
grâce à sa robuste structure, conséquence

de son excessive simplicité, les avaries, et par suite, les réparations seront très-rares, sans compter que son entretien n'exige pour ainsi dire aucun soin. »

Pour moi, ce que je reproche surtout au miroir à mécanique, c'est de tourner beaucoup trop lentement — les alouettes y viennent mal, et souvent n'y viennent pas du tout, comme je l'ai observé chaque fois que j'ai essayé de m'en servir.

Anathème, anathème donc aux miroirs à mécaniques ! Anathème à tous ces infâmes engins tourne-broches que l'on vend maintenant chez les quincailliers ! Toutefois, je crois qu'il est équitable de faire exception pour un miroir à mécanique qui vient d'être inventé tout récemment par M. le capitaine Florentin, car ce miroir n'a aucun des défauts de ceux que je viens de maudire. En effet, il marche très-régulièrement pendant une heure sans qu'on ait besoin de le remonter, est animé d'un rapide mouvement rotatoire et alternatif, et de plus, heureuse innovation, on peut à volonté augmenter ou diminuer sa vitesse de rotation suivant l'état de l'atmosphère et du soleil.

M. Florentin va prendre un brevet et ne tardera pas, je l'espère, à mettre son miroir dans le commerce. Quoi qu'il en soit, comme le commandant Garnier, je proclame hautement et sans la moindre hésitation, ma préférence pour le classique et élémentaire miroir à piquet, soit que sa tête s'orne de glaces ou de clous brillants, soit qu'elle se contente d'être vernie, cirée ou simplement polie.

Me traite de ganache qui voudra !

« Les meilleurs miroirs, ou du moins les plus estimés, dit Ad. d'Houdetot[1], sont faits avec des fragments de glace de Venise, taillés sur les côtés, mais vieux, piquetés et ternes; les uns groupent les glaces irrégulièrement, les autres les alignent avec ordre et symétrie; il en est de cela comme de toutes choses; j'ai vu des miroirs étinceler au loin, d'autres ne projeter que des rayons pâles et incertains et

---

[1] Le *Chasseur rustique,* 1861, in-12, p. 250.

être cependant tout aussi bons... Celui dont je me sers habituellement n'est composé que de douze fragments, savoir : cinq de chaque côté et deux en retour; il m'a été donné par un praticien consommé qui tuait à lui seul plus d'alouettes que tous les chasseurs du pays ensemble. »

Voici la meilleure méthode, dit le commandant Garnier, pour réussir à cette chasse : « Faites marcher, espacés de dix à quinze mètres, deux miroirs : l'un, très-brillant pour faire venir les alouettes qui passent au loin; l'autre, terne pour les retenir longuement de fort près; puis, placez-vous comme si vous n'aviez à surveiller que le miroir qui n'éblouit pas. »

Cette méthode peut être excellente, mais nous avouons ne jamais l'avoir employée.

La plupart des chasseurs du pays Messin ne se servent jamais que d'un seul miroir et presque toujours du miroir à facettes[1], ce qui ne les empêche pas de

[1] Il ne faut pas vanter outre mesure la bonté du miroir terne, le miroir à facettes est tout aussi bon. En Lorraine,

tuer annuellement une grande quantité
d'alouettes.

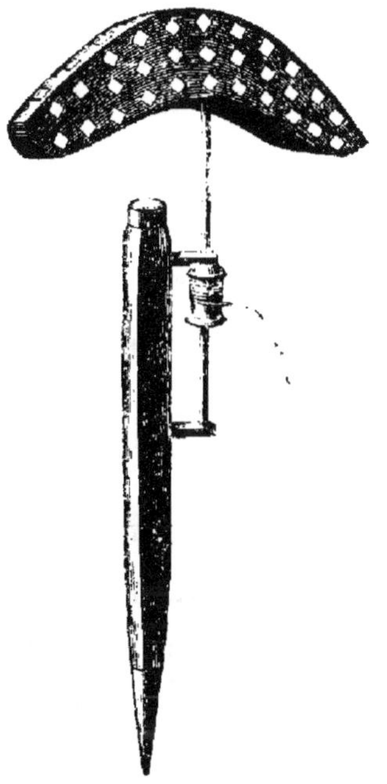

Fig. 3. — Miroir à facettes.

on n'emploie guère que celui-là. Un amateur des plus dis-
tingués, M. Alfred de Bollemont, ne se sert absolument
que du miroir à facettes, et cependant il tue chaque année
une énorme quantité d'alouettes. Il faut dire, toutefois, qu'il
n'existe peut-être pas, non-seulement en Lorraine mais
même en France, d'amateur aussi expert en cette chasse
que M. Alfred de Bollemont.

« Tout le monde, dit le commandant Garnier [1], a pu remarquer l'effet produit sur les oiseaux *mireurs* par un objet quelconque, immobile ou non, réfléchissant avec vivacité les rayons du soleil; qu'un morceau de métal on un fragment de verre vienne dans les champs à produire cette réflexion éblouissante, et vous verrez l'alouette commune surtout, ce mireur par excellence, se balancer sans mot dire dans les airs et, tout en planant, fixer de plus ou moins loin un regard obstinément curieux sur cet objet devenu brillant.

[1] *Traité* déjà cité, p. 23 et suiv.

« Il y a là un phénomène d'attraction fort singulier qui, une fois remarqué et étudié, a dû nécessairement suggérer l'idée d'employer un objet garni de glaces étincelantes pour attirer perfidement à portée de fusil ou des nappes d'un filet le pauvre oiseau fasciné ; puis le hasard aura fait mouvoir l'objet brillant, et on s'est bien vite aperçu que l'alouette s'approchait d'autant plus en planant, et faisait d'autant mieux le Saint-Esprit, que le mouvement imprimé était rotatoire et alternatif, et alors le miroir à glaces actuel s'est trouvé inventé.

« Ce miroir, d'abord à grands morceaux de glace, a été ensuite à peu près abandonné par tout le monde pour celui à petites facettes ; puis on a employé des clous brillants de très-faibles dimensions et enfin ce dernier engin paraît devoir être bientôt supplanté par le miroir à tête vernie, cirée ou même tout simplement polie.

« Comment se fait-il qu'avec ces derniers miroirs qui sont loin d'avoir l'éclat plus ou moins flamboyant des premiers, on obtienne des résultats égaux et même bien plus avantageux ? Il y a donc là autre

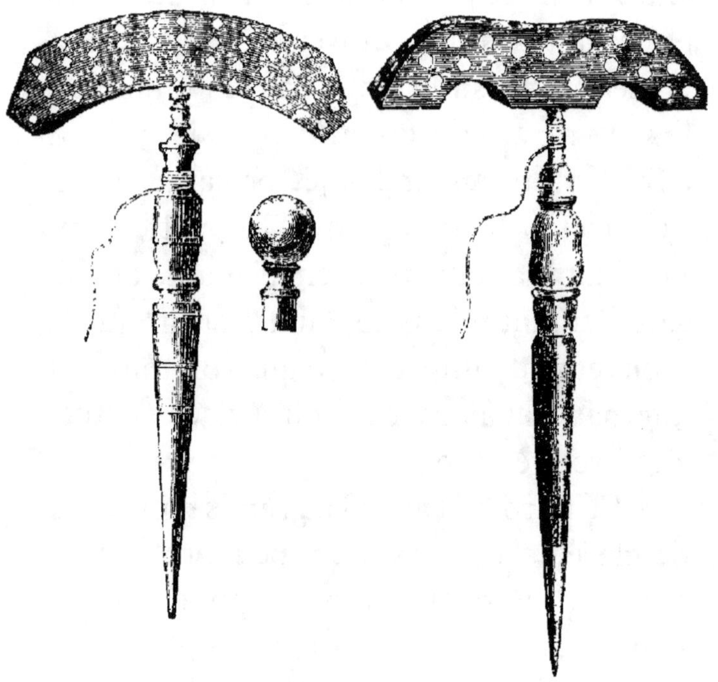

Fig. 4 et 5. — Miroirs à têtes polies.

chose qu'un simple effet de soleil réfléchi. Ayons recours à l'expérience secondée par le raisonnement, et nous parviendrons peut-être à nous rendre un compte satisfaisant et judicieux du phénomène si controversé du mirage de l'alouette. »

En effet, ce phénomène est sans contredit l'un des plus curieux que l'on observe dans le monde des oiseaux.

La plupart des auteurs cynégétiques se sont creusé la tête à rechercher quelles pouvaient bien être les causes de l'attraction que le miroir exerce sur l'alouette.

Sont-ils parvenus à donner une explication réellement satisfaisante de ce phénomène ? C'est ce que nous allons voir ; tout à l'heure nous reproduirons l'explication donnée par le commandant Garnier, mais auparavant, nous allons examiner et discuter une à une les opinions variées émises à ce sujet par les auteurs.

A tout seigneur, tout honneur ; commençons donc par Buffon.

Buffon prétend « que les alouettes ne sont attirées par les éclairs de lumière qui s'échappent du miroir mis en jeu que parce qu'elles croient cette lumière renvoyée par les eaux vives qu'elles recherchent dans la saison où on les chasse. »

Malgré tout le respect qu'on doit aux grands hommes, je me permettrai de trouver cette explication assez faible.

J'avoue très-humblement, ne jamais m'être aperçu de cette prédilection spéciale des alouettes pour les eaux vives.

Je n'ai pas souvenance d'avoir jamais rencontré beaucoup d'alouettes au bord des rivières, des ruisseaux, des étangs ou des sources; dans la saison où on les chasse, c'est-à-dire en automne, les alouettes recherchent bien plus les éteules de blé et les champs nouvellement ensemencés que « les eaux vives ».

Certes, « les eaux vives » ont leur charme en été, dans la saison des bains, mais en automne, elles en ont moins; j'ose affirmer, sans craindre d'être taxé d'inexactitude, que les alouettes se baignent peu à cette époque, et n'ont même pas besoin des « eaux vives » pour se désaltérer, la rosée des champs leur suffisant amplement.

Et puis, quelle ressemblance y a-t-il, bon Dieu! entre le flamboiement d'un miroir et la lumière renvoyée par « les eaux vives » ?

Le flamboiement d'un miroir ne peut raisonnablement être comparé aux éclats de lumière renvoyés par une nappe d'eau, et les alouettes qui ont de fort bons yeux sont de mon avis, croyez-le.

Si toutes les assertions, explications et élucubrations du grand Buffon, du seul Buffon, du vrai Buffon, étaient aussi remarquables que celle-ci, il est probable que son nom ne serait pas passé à la postérité.

Je demanderai enfin au grand naturaliste comment, avec cette explication, il réussit à rendre compte de l'attraction si vive que l'alouette éprouve pour le miroir sans glaces, pour le miroir verni, ciré ou simplement poli ?

L'éclat d'un miroir à tête de bois poli a-t-il une ressemblance quelconque avec la réverbération lumineuse réfléchie par les « eaux vives » ?

Répondez, répondez donc, sire de Buffon !

A qui le tour ?

Dans un article ayant pour titre : *Du raisonnement chez les oiseaux*, publié par le journal *Les Mondes*, on lit : « L'alouette, chassée par le froid, se rend dans un pays plus doux; le scintillement des petites facettes étamées lui fait croire que ce sont autant de gouttes de rosée qui brillent au soleil; cette rosée liquide lui rappelle les tièdes matinées printanières; elle a froid, elle croit qu'il fait chaud là où elle voit étinceler ces diamants; elle croit qu'ils sont suspendus à autant de brins d'herbe, bien verte, bien tendre; elle espère enfin trouver sur ce petit coin de terre un instant de repos à ses longues fatigues, une douce température, un bon repas... elle se hâte et tombe sous le plomb du chasseur ! »

Cette explication est tout un poëme attristé, il est vrai, par le trépas lamentable de l'héroïne.

« Rosée liquide, matinées printanières, herbe tendre, bon repas, » bon gîte et le reste, rien n'y manque, quoi ! Et dire que

toutes ces jolies choses « matinées printanières, bons repas, herbe tendre, diamants étincelants » sont rappelées au sou-
venir de la pauvre alouette par la vue
d'un miroir... terne !!!

Toussenel attribue la puissance attrac-
tive du miroir sur l'alouette « aux ardeurs
passionnées de cette amante du soleil
pour les feux éblouissants qui lui rappellent les beaux jours du printemps, et
qui la poussent invinciblement vers ce
qui n'en est qu'une image bien affaiblie[1] ».

Cette explication ne diffère pas sensiblement des précédentes. La réverbération d'un miroir à facettes n'est, en effet,
« qu'une image bien affaiblie des feux
éblouissants des beaux jours du printemps » et un miroir à tête de bois poli
ressemble encore moins, s'il est possible,
« à ces feux éblouissants[2] ».

---

[1] *Monde des oiseaux* déjà cité.

[2] Toussenel dit encore que l'alouette vient au miroir
« non pas pour s'y mirer coquettement, mais pour y chercher l'image de son astre chéri ». Une preuve, ajoute-t-il,

Quelques personnes rejettent avec dédain les opinions que je viens d'exposer et affirment que l'alouette se mire par un sentiment raffiné de coquetterie.

Cette explication doit évidemment avoir pour auteur un des rédacteurs du *Tintamarre*.

Concevez-vous, en effet, qu'une alouette puisse, du haut des airs, contempler ses traits dans un miroir à facettes tournant

que c'est bien l'image de l'astre roi et non la sienne propre que l'alouette contemple dans la glace, c'est que le même oiseau ne mire plus en Afrique où l'absence du soleil est toujours de courte durée. — Je répondrai à Toussenel : 1° Que l'alouette mire parfaitement en Afrique; le commandant Garnier nous apprend, en effet, qu'il a tué beaucoup d'alouettes dans la plaine de Bougie en décembre, janvier et février. Il nous certifie, en outre, qu'elles daltaient tout aussi bien qu'en France; 2° Qu'un miroir à facettes ne ressemble nullement au soleil; si les hommes prennent quelquefois les vessies pour des lanternes, l'alouette, elle, a la vue trop perçante pour prendre un miroir pour le soleil; d'ailleurs, en automne, le soleil brille encore de tout son éclat, si l'alouette éprouve un besoin si vif de le voir de près, il serait bizarre qu'elle vînt chercher à terre un soleil postiche, tandis que le vrai soleil brille en haut du ciel de tout son éclat et lui crève les yeux. Enfin, avec ce système, Toussenel ne peut rendre compte de l'attraction si remarquable que l'alouette éprouve pour le miroir terne. Soutiendra-t-il que cet oiseau prend un miroir terne, c'est-à-dire un simple morceau de bois, pour le soleil ?

à grande vitesse, ou dans un miroir dont la tête est garnie de clous, ou, ce qui devient plus fort, dans un miroir à simple tête de bois ?

On a prétendu aussi que l'alouette prenait le miroir pour un épervier ou tout autre oiseau de proie se débattant. D'abord, on en conviendra, un miroir ressemble assez médiocrement à un épervier se battant ou se débattant, peu importe; ensuite, si l'alouette croyait réellement voir un oiseau de proie, son ennemi, il est plus que probable qu'elle n'éprouverait nullement le besoin de le considérer de trop près; cet excès de curiosité pouvant avoir des inconvénients.

Il n'y a guère que les oiseaux à vol très-rapide comme les hirondelles, par exemple, qui aient l'audace d'approcher l'épervier et de le narguer, pour ainsi dire, en passant et en repassant mille fois devant lui.

En résumé, nous dirons comme le commandant Garnier, que l'explication du phénomène du mirage donnée par les auteurs susnommés n'est nullement complète et satisfaisante, puisqu'avec elle, on ne peut se rendre compte des effets produits par le miroir terne.

Reste à savoir maintenant si l'explication qu'il en donne dans son Traité est beaucoup plus satisfaisante. Nous citons :

« Si nous faisons tourner simultanément et espacés entre eux de 15 à 20 mètres :

« 1° Un miroir flamboyant à toutes glaces ;

« 2° Un miroir à clous brillants ;

« 3° Un miroir poli, bien verni ou ciré ;

« 4° Un miroir poli seulement,

« Voici ce que nous observerons invariablement, par une belle matinée d'octobre, à gelée blanche ou givre, avec le vent d'est, qui est sans contredit le plus favorable pour cette chasse :

« L'alouette arrivera, à tire-d'aile et en silence, tout droit sur le premier miroir, mais en planant d'assez loin; puis elle s'abaissera de suite sur le second, qu'elle abandonnera bien vite pour le troisième et surtout pour le quatrième, sur lequel, et de très-près, elle fera le Saint-Esprit avec un acharnement indicible. Je dois dire cependant ici que, par un soleil un peu terne, les chances du troisième miroir deviennent égales et parfois même supérieures à celles du quatrième.

« Il résulte clairement de cette expérience bien facile à vérifier que, pour faire venir une alouette de très-loin, on doit se servir d'un miroir brillant; mais que pour la faire dalter longtemps et à bonne portée, le flamboiement ne suffit pas, et qu'il y a dès lors une autre cause d'attraction dans le mouvement rotatoire et alternatif du miroir terne ou à peu près.

« Quelle est donc cette cause mystérieuse qui rive, pour ainsi dire, immobiles au-dessus de notre engin, ces oiseaux qui n'entendent et ne craignent plus rien et qui ne voient plus autre chose ? Cette cause, je n'hésite pas à le dire avec une entière conviction, n'est et ne peut être que l'imitation plus ou moins parfaite de l'image de l'oiseau planeur. Croyant voir au ras de terre planer une de ses semblables, l'alouette, fort intriguée, se demande sans doute ce qu'elle fait ainsi avec tant de persistance, et alors, daltant de plus près, elle vient curieusement l'observer. C'est dès lors à cette vive et si profonde curiosité naturelle qu'il faut attribuer leur obstination à faire le Saint-Esprit, leur insouciance merveilleuse du bruit, des mouvements, du danger, etc. »

Cette explication est, je le déclare, infiniment plus vraisemblable et plus rationnelle que les précédentes; malgré cela, cependant, je ne m'y rallie point, car je ne puis admettre que l'alouette, douée d'une vue perçante, comme tous les oiseaux d'ailleurs, d'une vue dix fois meilleure que la nôtre, je ne puis admettre que l'alouette qui, du plus haut des airs aperçoit à terre un insecte ou une graine microscopique, prenne un miroir à facettes ou à tête de bois pour une de ses semblables; une pareille méprise chez un oiseau me paraît impossible, inadmissible; sans doute considéré de loin, un miroir peut à la rigueur, offrir à nos faibles organes, l'image, image très-imparfaite encore d'un oiseau daltant; mais l'alouette, je le répète, est douée d'une vue perçante, et, si par extraordinaire elle pouvait être le jouet d'un pareil trompe-l'œil à quelque distance, elle reconnaîtrait assurément son erreur en approchant du miroir; or, généralement, plus elle approche du miroir, et surtout du miroir terne, plus elle s'acharne à le contempler.

En outre, avec ce système, pour être logique, le commandant Garnier serait forcé de soutenir que les bec-figues, les bergeronnettes, les proyers, les linots, etc., qui, eux aussi, viennent au miroir, le prennent pour un oiseau de leur espèce, ce qui est tout à fait inadmissible.

Quant à moi, je crois que l'alouette est attirée vers le miroir par un pur sentiment de curiosité. Je crois qu'elle vient vers le miroir, non pas parce qu'elle le prend pour une de ses semblables, mais parce qu'elle voit simplement là quelque chose d'étrange, de bizarre, de frappant, qui l'attire fatalement et surexcite au plus haut degré sa curiosité, sentiment naturel, organique, sentiment invincible et dominant chez cet oiseau.

Et, notez-le bien, je vous laisse parfaitement libre de rejeter mon opinion, comme j'ai rejeté moi-même celles des divers auteurs que je viens de citer.

Le plus sage serait peut être d'avouer que le phénomène du mirage n'a pas jusqu'à ce jour été convenablement expliqué, et de remettre la question à l'étude.

DU FUSIL A ADOPTER


Beaucoup de personnes se servent encore à la chasse au miroir du fusil à baguette. L'emploi de cette arme, je dois le
dire, me paraît n'offrir que des inconvénients.

Au bout d'une cinquantaine de coups,
et qu'est-ce que cinquante coups au miroir ? les canons s'encrassent, le fusil re-
pousse et porte mal; il est impossible
d'éviter cet inconvénient. On peut, il est
vrai, l'atténuer en tirant concurremment
avec trois ou quatre fusils, mais alors il
faut avoir un chargeur ou se résigner à
une grande perte de temps ; d'ailleurs un
pareil arsenal est bien embarrassant.

Avec un fusil à baguette, vous pouvez encore dans un moment d'oubli ou de précipitation, comme on en a souvent lorsqu'une nuée d'alouettes enveloppe le miroir, verser une double charge dans un seul canon et risquer de le voir éclater à votre nez. Vous êtes certain en tout cas de recevoir un bon soufflet sur la joue, chose assez désagréable.

Il vous arrivera encore de recharger le coup qui a fait feu sans prendre soin de désarmer l'autre, lequel peut partir et vous enlever la tête, ce à quoi vous tenez médiocrement, j'imagine.

Les charges du fusil à baguette coûtent, il est vrai, moins cher que celles des armes à bascule; telle est peut-être la seule raison que l'on puisse invoquer en faveur de son adoption, raison assez pauvre, selon moi; en effet, j'ai toujours remarqué qu'avec un fusil à baguette on se laissait entraîner à tirer plus fréquemment et plus au hasard qu'avec un Lefaucheux; ce qui n'est pas étonnant, car ce dernier nécessitant des frais supérieurs, on se modère, on compte ses cartouches, on ménage ses coups, on ne tire généralement que les alouettes qui se présentent le mieux au miroir.

Je conseille donc vivement à tous les chasseurs novices ou vétérans, de n'employer au miroir que le fusil à bascule; voyez donc ses avantages : il se charge sans la moindre fatigue, sans aucun danger, se nettoie instantanément; je parie, avec un bon Lefaucheux, tuer à moi seul, autant et même plus d'alouettes, qu'un voisin nanti de plusieurs fusils à baguette, fût-il aidé par un chargeur; et parbleu, j'ai tort de dire que je parie; cela m'est arrivé plusieurs fois !

# DU PLOMB A EMPLOYER [1]

Deyeux accorde la préférence au plomb numéro 9; moi, je le trouve beaucoup trop gros pour tirer à une vingtaine de mètres, distance à laquelle on se place ordinairement du miroir.

A cette distance, il hache quelquefois ou endommage gravement l'alouette.

Le numéro 11, que recommande vivement le commandant Garnier, me paraît au contraire trop petit; en tirant avec ce plomb à la distance que je viens d'indiquer, fort souvent on ne fait que blesser l'oiseau qui, dans ce cas, continue son

[1] Expériences de M. René Laffon.

chemin ou bien va tomber assez loin de vous et a encore assez de vigueur pour voleter au ras de terre et vous échapper.

Le numéro 12 est encore plus défectueux que le 11.

Reste donc le numéro 10. C'est, je le déclare hautement, celui que je préfère; il meurtrit rarement la pièce touchée, même quand on tire de très-près, il garnit suffisamment et porte loin. A trente-cinq ou quarante mètres, vous tuerez fort proprement des alouettes avec du 10.

Indiquerai-je les charges à employer? Cela ne me paraît pas avoir grande importance; chacun a là-dessus ses petites habitudes, ses manies. Je conseillerai seulement de ne pas trop lésiner.

Je connais des chasseurs qui, par économie, ménagent tellement leur poudre et leur plomb, qu'ils blessent beaucoup plus d'alouettes qu'ils n'en tuent.

La chasse au miroir n'est pas un plaisir destiné aux avares, il faut savoir en supporter les frais ou ne point s'en mêler.

Ne craignez donc pas d'employer une

bonne charge ordinaire ; renforcez - la même quand il fait un peu de vent ou lorsque les alouettes viennent mal au miroir.

Choisissez de préférence le fusil calibre 16, c'est le plus répandu, ce qui vous permettra de vous fournir de munitions dans les plus petites localités.

Si vous tenez à vous resservir de vos cartouches, prenez les vertes de Gevelot ou les jaunes de Chaudun, elles sont très-solides.

Toutefois, réamorcer ses cartouches est une opération des plus ennuyeuses et qui demande une patience angélique; s'y astreindre pour économiser quelques sous me paraît une action bien méritoire.

Les douilles de dernière qualité sont cependant bien bon marché; j'emploie habituellement celles qui se vendent 2 fr. 75 c. le cent et je m'en trouve très-satisfait.

Je ne puis terminer ce chapitre sans parler des curieuses expériences faites par M. René Laffon sur la portée des différents plombs de chasse.

M. Laffon a trouvé, pour charger les cartouches Lefaucheux, un procédé au moyen duquel il donne une portée étonnante au petit plomb, tel que le 9, le 10, le 11. On conçoit sans peine l'avantage qu'il peut y avoir dans certains cas à se servir de ces cartouches au miroir. M. René Laffon ne tardera pas, je crois, à publier le résultat de ses expériences; en attendant, les personnes qui désireraient avoir de plus amples détails à ce sujet n'ont qu'à s'adresser à lui, il habite au Clos-Berteau, par Aubigny-les-Pothés (Ardennes).

## DU CHOIX DE L'EMPLACEMENT [1]

Pour bien réussir au miroir, il ne suffit pas d'être habile tireur, d'avoir un bon fusil, un tourneur alerte, il ne suffit pas de piper avec art et d'être servi à souhait par un soleil resplendissant; il faut encore s'installer dans un emplacement favorable. Le choix d'un emplacement, je n'hésite pas à l'affirmer, entre au moins pour moitié dans le succès de cette chasse.

N'allez pas vous imaginer au moins

---

[1] Le commandant Garnier ne dit pas un mot à ce sujet dans son *Traité*. — Cette lacune, je l'avoue, m'a considérablement étonné. Cette question du choix de l'emplacement a cependant une importance capitale.

que dans une plaine tous les endroits
soient également bons, et que l'on puisse
indifféremment planter son miroir ici ou
là, ce serait une grande erreur. Dans une
plaine, dans un espace donné, il y a toujours certaines zones où le passage des
alouettes est plus considérable, certains
plis de terrain où elles s'abaissent et
demeurent plus volontiers que partout
ailleurs.

C'est ce qui explique comment un chasseur peut tirer continuellement et remplir
son carnier, tandis qu'à quelques cen-
taines de pas de lui, son voisin tirera
quatre fois moins.

Quand on demeure dans un pays, on
connaît généralement les bons endroits;
ordinairement aussi, on les réserve pour
soi et ses amis, et l'on se garde bien de
les indiquer aux chasseurs étrangers à la
localité.

Lors donc que vous voudrez chasser
au miroir dans un pays que vous ne con-
naissez pas, ayez soin de vous faire indiquer les bons endroits. Si l'on vous refuse

poliment ce renseignement, mettez-vous alors bravement en campagne, explorez le terrain en tous sens, et au bout de deux ou trois jours d'exploration sérieuse, vous aurez certainement découvert les endroits où les vols d'alouettes sont les plus nombreux et les plus constants.

DU CHOIX DU CHAMP


Une fois la zone déterminée, reste à savoir dans quel champ planter son miroir.

Vous aurez le choix entre les éteules, les friches, les terres labourées et les prés, choix qui du reste n'a qu'une importance très-secondaire.

Les éteules n'offrent aucun inconvénient lorsque les tiges sont courtes; lorsqu'elles sont longues, elles contrarient le jeu de la ficelle, obstruent la vue du miroir, et permettent aux alouettes blessées de se dissimuler assez facilement.

Les champs en friche ont des inconvénients analogues ; toutefois, il est facile d'y remédier en coupant les tiges ou les herbes qui entourent le miroir et se trouvent sur le parcours de la ficelle. Vous pouvez encore planter votre miroir sur une petite éminence que vous formerez en quelques coups de pioche.

Dans les terres labourées, les alouettes descendent volontiers, mais elles se posent plutôt qu'elles ne volent au-dessus du miroir et d'ailleurs le piquet n'y tient pas solidement ; à chaque instant il faut se déranger pour l'aller consolider.

Les prés, eux, n'offrent aucun des inconvénients que je viens d'énumérer ; aussi, je vous conseillerai de leur donner la préférence sur tous les autres champs ; malheureusement, les prés sont assez rares dans les plaines.

Une belle matinée à gelée blanche, avec un ciel pur et un air très-calme, voilà certainement le temps qui convient le mieux à cette chasse.

M. Godde semble préférer le soleil se levant sur un léger brouillard « tous les vols, dit-il, sont en mouvement, et l'atmosphère acquiert par ce brouillard même, une telle transparence, que l'œil perçant de l'oiseau distingue le miroir à des distances incroyables[1]. »

Il est malheureusement assez rare de

[1] *Journal des chasseurs.*

rencontrer toutes ces conditions réunies; mais aussi, quand cela arrive, quelle fusillade! Quelle dégringolade d'alouettes! Toutefois, c'est de la direction du vent que dépend principalement le succès.

Par le vent du nord, les alouettes volent vite et s'arrêtent peu volontiers; quand règne le sud, elles volent bas, se posent fréquemment où s'ébattent en l'air sans accorder grande attention au miroir.

Par le vent d'ouest-sud-ouest, le passage est souvent considérable, mais ce vent est presque toujours accompagné d'un ciel nuageux, et dans ce cas, le miroir se distingue fort mal de loin, et devient presque inutile; le miroir terne lui-même est alors d'un pauvre secours, car comme le miroir à facettes, il a besoin de l'éclat du soleil pour exercer sa séduction sur l'alouette.

Le vent d'est est le meilleur sans contredit; par le vent d'est, le passage est abondant; les alouettes volent assez lentement, se tiennent toujours en l'air et s'abaissent très-volontiers sur le miroir autour duquel elles daltent, planent ou folâtrent avec beaucoup d'entrain et de persistance.

Soyez installé sur le terrain à sept heures et demie ou huit heures et levez sans regret la séance entre onze et midi. A partir de cette heure, les alouettes diminuent et descendent à terre pour se reposer et prendre leur nourriture. Dans les jours de grand passage, on peut reprendre cette chasse, non sans succès, entre deux heures et quatre heures de l'après-midi. Néanmoins, on devra s'estimer heureux d'en rapporter deux ou trois douzaines.

Dans le nord et l'est de la France, la chasse au miroir se fait généralement du 1ᵉʳ octobre au 10 novembre; elle se pratique, cela va sans dire, bien plus tard dans le midi.

## DE L'INSTALLATION DU CHASSEUR ET DU MIROIR SUR LE TERRAIN

Placez-vous à quinze mètres du miroir si vous tirez avec du plomb numéro 11 ou 12, et à vingt mètres si vous employez les numéros 9 et 10.

Il est bon d'observer à quelque chose près ces distances, car en les restreignant ou en les augmentant, vous risqueriez, soit de mutiler vos pièces, soit seulement de les blesser légèrement.

Fixez solidement en terre le piquet du miroir et ayez soin de l'incliner quelque peu du côté qui vous est opposé, de façon que sa tête ne vienne pas à heurter la ficelle.

Huilez soigneusement la tige qui supporte la tête, car le moindre grincement effraye les alouettes, les rend très-défiantes, et les empêche de dalter ou de planer convenablement.

Afin d'éviter que votre cordelette ne s'use vite et ne vienne à se casser par suite du frottement, remplacez la partie qui s'enroule autour de la tige par une fine et solide lanière de cuir de 60 centimètres de longueur.

« Placez-vous, dit le docteur du T..., de manière à ce qu'on aperçoive l'horizon à quelques pieds au-dessus du miroir; l'alouette se détache alors bien mieux, car elle apparaît comme un point blanc sur le bleu du ciel. Presque tous les coups portent, ce qui est différent lorsqu'on a pour perspective un champ de paille dont la teinte gris jaune est semblable à la couleur du gibier. »

Pour arriver à ce résultat, il vous suffira de vous asseoir dans la rainure d'un sillon au sommet duquel vous planterez votre miroir.

Au lieu de vous asseoir tout simplement sur le sol ou sur un siége qui ne vous dissimulera pas assez, et vous exposera en outre à de nombreuses culbutes quand vous tirerez en arrière, creusez un trou assez large pour que votre gamin puisse y prendre place à vos côtés.

S'il ne faut pas se mettre en face du soleil dont l'éclat empêche de viser, il ne faut point non plus lui tourner complétement le dos, car on est souvent forcé alors de tirer à pic, sur sa tête, des alouettes qu'on ne peut voir venir, ce qui procure généralement le double avantage de les manquer et d'attraper une bonne courbature ou un torticolis; le mieux est de se poser de manière à être frappé de profil par les rayons de l'astre.

Rangez vos cartouches devant vous et invitez votre tourneur à s'abstenir de marcher dessus en allant chercher les morts.

« Un bon tireur, dit Deyeux, peut faire jouer la corde lui-même; on lui propose d'exécuter ce service avec son pied, son

genou, etc... Cela peut être joli pour tirer dix alouettes et demie, mais autrement je prends la liberté de lui conseiller une main auxiliaire. Que voulez-vous demander à un pauvre homme qui n'a même pas le temps de charger son fusil? Il a déjà bien assez d'occupation sans lui imposer ce cumul improductif. »

Rien de plus vrai. Un aide est indispensable à cette chasse, non-seulement pour faire aller le miroir, mais encore lorsqu'on se sert de l'engin tourne - broche pour ramasser les alouettes mortes, courir après celles qui sont gravement blessées, et rabattre de votre côté celles qui stationnent aux alentours; ce rabat procure toujours quelques coups de fusil complémentaires lorsque le passage est faible; quand au contraire il est considérable, je vous engage, si vous tenez à ne pas perdre de temps, à avoir deux aides à votre service; l'un tirera la ficelle tandis que l'autre ira chercher les morts et chargera vos fusils si vous en employez plusieurs.

Fumez tant qu'il vous plaira, mais

ayez soin de ne fumer que du bon tabac, car l'odeur du tabac inférieur, du tabac allemand, par exemple, est désagréable à l'alouette.

Parlez et gesticulez le moins possible, surtout lorsque les alouettes descendent vers le miroir ; il y a des jours où elles sont très-défiantes et abandonnent la partie au moindre mouvement brusque ; je vous engage, dans ce cas, à ne pas attendre qu'elles soient tout à fait à portée pour les mettre en joue. N'emmenez jamais votre chien, il vous gênerait et effrayerait les alouettes par ses mouvements ou ses cris ; il faut en effet qu'un chien soit bien calme pour rester en repos tandis qu'on tire continuellement à ses oreilles, et qu'il voit dégringoler les alouettes tout autour de lui.

Si vous courez au miroir, emportez votre fusil, sinon votre gamin ne manquera pas d'y toucher et quelquefois de vous le décharger dans les jambes.

L'aspect des mortes ne semble pas effrayer ou même gêner celles qui tourbillonnent autour du miroir ; il est bon, néanmoins, de les ramasser au fur et à mesure si l'on tient à ne pas en perdre.

Deyeux indique un procédé au moyen duquel on peut tuer quelques douzaines d'alouettes lorsque le soleil disparaît et que l'on est contraint de ramasser son miroir. « Voulez-vous, dit-il [1], tuer encore deux douzaines d'alouettes... Eh bien, il faut avoir soin d'emporter avec vous une alouette empaillée ; vous l'attachez sur un scion préparé d'avance et traversé à sa base par deux bouts de corde en losange, retenus transversalement par deux fiches ; placé à trente pas de là, votre gamin fait mouvoir une ficelle qui soulève l'oiseau, — toutes les alouettes, ou presque toutes celles qui passent dans les environs viennent tour à tour se poser auprès de votre complice. Cet expédient, dont je dois la connaissance à un oiseleur du Nivernais, m'a réussi pendant tout le temps, de regret-

----

[1] *Journal des chasseurs*, année 1842, article sur la chasse au miroir.

table mémoire, où je n'avais qu'alouettes en tête. »

Sans contester positivement l'avantage qu'on peut retirer de cette supercherie, nous croyons que Deyeux exagère considérablement. Dans ce cas, l'emploi d'un mouvant, ou alouette vivante, est bien préférable, et encore avec une alouette vivante on réussit tout au plus à ralentir le vol de celles qui passent au dessus. Bref, l'emploi du mouvant ne sert véritablement qu'à la chasse au filet.

Deyeux nous donne à ce sujet d'excellents conseils.

« Un certain nombre de bons tireurs, dit-il [1], éprouvent des mécomptes au miroir. Toute la difficulté de ce tir provient de ce que l'alouette se recule et s'avance de telle sorte qu'on se trouve dans les conditions d'un homme qui tirerait posé au moment même où l'oiseau changerait de place. Parfois, en effet, l'alouette est comme immobile, puis, tout à coup elle change d'allure. Dans ces fréquentes oscillations, il faut avoir bien

[1] *Journal des chasseurs*, année 1842.

soin de viser toujours le bec, en dédaignant le corps, car il est évident qu'elle ne peut remuer sans prendre l'avance sur le point de mire ; il faut donc que le point de mire prenne l'avance sur elle. Si elle reste, on la frappera en tête ; si elle avance ; le coup se trouvera en plein corps. »

Je me permettrai, à mon tour, de présenter quelques observations. Le tir de l'alouette au miroir est un tir tout à fait spécial ; sans offrir beaucoup de difficulté, il demande cependant, dans bien des cas, passablement de coup d'œil et une certaine dextérité.

Bon nombre de chasseurs tirent admirablement perdreaux, cailles, bécassines et assez mal l'alouette.

Examinons les différentes manières dont l'alouette se présente ordinairement au miroir.

Fait-elle le Saint-Esprit ? On l'abat sans coup férir, excepté toutefois lorsque trop confiant, on vise trop négligemment. Combien n'en ai-je pas vu manquer de la sorte !

Quand elle plane, on la voit parfois s'arrêter pendant quelques instants comme si elle avait envie de dalter [1] ; vivement, vivement alors, sans perdre un quart de seconde, jetez votre coup fusil avant qu'elle n'ait repris son vol normal. Certes, il n'est pas toujours facile de saisir cet instant favorable, c'est en cela précisément que consiste le truc, passez-moi l'expression, truc que l'on acquiert petit à petit au moyen d'une longue pratique.

Passe-t-elle sans s'arrêter au-dessus du miroir ? Tirez-la de droite à gauche et seulement quand elle l'a dépassé de plusieurs mètres ; en la tirant en avant, vous risqueriez fort de la manquer, surtout si son vol est rapide. Vient-elle à passer à pic au-dessus de votre tête ? Agissez de même, attendez pour tirer qu'elle vous ait dépassé.

Lorsqu'une bande d'alouettes assiége le

---

[1] Le tir de droite à gauche est infiniment plus commode et plus naturel que celui de gauche à droite ; il est bon de ne tirer de gauche à droite que lorsqu'on ne peut agir autrement.

miroir, ce qui n'est pas rare dans les grands passages, visez-en toujours une en particulier, la bande fût-elle énorme. En tirant dans le tas comme le font quelques novices, on en blesse souvent mais on en abat rarement; dans ce cas, il n'est pas toujours facile, j'en conviens, de choisir sa victime : ébloui, on passe machinament de l'une à l'autre sans parvenir à se fixer ; afin d'atténuer autant que possible cette indécision, je vous conseillerai de ne jamais diriger votre fusil vers le centre de la bande, mais toujours sur les côtés où vous trouverez certainement soit à droite, soit à gauche, les alouettes moins nombreuses et moins serrées.

A cette chasse on peut employer l'appeau avec succès, surtout par les temps sombres.

Toutefois, il faut en user avec beaucoup d'à-propos, d'adresse et de discrétion ; servez-vous-en pour amener de votre côté les bandes qui passent au loin ou très-haut, ou qui paraissent prêter peu d'attention au miroir. A distance, pipez autant et aussi fort qu'il vous plaira, mais dès que les alouettes écoutent et se rapprochent, modérez vos coups de langue et cessez même, ou à peu près, une fois qu'elles ont nettement dessiné leur mouvement vers le miroir.

Le pipage de l'alouette, quoique ne présentant pas grande difficulté, demande cependant un certain savoir-faire et énormément d'habitude ; le principal, comme disent les tendeurs, est d'attraper le coup de langue, et ma foi, on travaille souvent assez longtemps avant de parvenir à l'attraper, ce fameux coup de langue. En tout cas, soyez bien convaincu qu'il est cent fois plus avantageux de s'abstenir de piper, que de piper mal ou même médiocrement.

Je n'indiquerai pas comment on doit s'y prendre pour piper, par la raison très-simple que c'est impossible. Le pipage des oiseaux rentre dans la catégorie des choses qui ne s'apprennent pas dans les livres.

La seule manière d'apprendre à appeler les oiseaux, c'est d'écouter un bon pipeur et de s'efforcer de l'imiter exactement, ce à quoi on arrive avec une forte dose d'exercice et de patience.

L'appeau à alouette est un instrument trop connu pour que j'aie besoin de le décrire. On en vend dont la première moitié du tube, au lieu d'être en cuivre ou en argent comme le reste, est en

Fig. 7 et 8. — Appeaux à alouettes.

plume d'oie ou en os ; ces appeaux sont plus agréables à la bouche, mais, selon moi, ils sont loin d'avoir une qualité de son égale à celle des autres, leur son est moins sec et moins métallique.

L'alouette n'est pas le seul oiseau
que la curiosité entraîne vers le miroir
ou tout objet brillant en général. Les
linots, les verdiers, les bruants, les bec-
figues, les pinsons, les chardonnerets,
l'hirondelle [1], l'étourneau [2], le moineau,
les bergeronnettes , les proyers , les
pigeons campagnards subissent aussi, à

[1] Cet oiseau se borne à ralentir son vol en passant au-
dessus du miroir.

[2] On prétend que l'étourneau vient assez facilement au
miroir, je n'ai , je l'avoue, jamais observé ce fait.

des degrés différents, il est vrai, cette attraction : seulement ils ne font ordinairement que s'abaisser au-dessus du miroir en ralentissant leur vol; quelques-uns d'entre eux cependant tournent autour assez longtemps : ainsi les linots réunis en bandes passent et repassent quelquefois avec une telle persistance au-dessus du miroir qu'on est contraint de l'arrêter net pour s'en débarrasser ; cela est même nécessaire, car leur voisinage gêne les alouettes et les empêche de planer ou de dalter convenablement. Les proyers et les bergeronnettes, au lieu de voler autour du miroir, se posent fréquemment à terre à côté de lui, afin sans doute de l'observer plus à leur aise; j'ai rarement vu au contraire les moineaux, les chardonnerets, les bruants, etc... agir de la même façon.

Après l'alouette commune, l'alouette pipi (petite farlouse, nommée en Lorraine basse cincignotte) est sans contredit l'oiseau qui vient le mieux au miroir, l'observe le plus longtemps et avec la plus grande attention; il n'est pas rare même de la voir dalter à peu près comme l'alouette commune.

Le commandant Garnier prétend que si tous ces différents oiseaux ne jouent pas sur l'engin tournant comme l'alouette, cela ne vient que de la nature de leur vol qui s'y oppose; cette opinion me semble juste; je crois néanmoins que l'instinct de la curiosité est infiniment plus développé chez l'alouette que chez les autres espèces d'oiseaux.

A propos d'un oubli qu'il croit devoir signaler au commandant Garnier, le marquis de Foudras nous décrit une petite chasse très-amusante et très-fructueuse.

« Le commandant Garnier, dit-il, ignore-t-il donc que le bec-figue se laisse prendre aux fascinations du miroir plus facilement encore que l'alouette ? Cette chasse est fort en vogue depuis nombre d'années aux alentours des illustres vignobles de la côte de Beaune. Elle a cet avantage qu'elle est plus souvent fructueuse que celle aux alouettes parce qu'elle n'exige pas un ensemble de conditions atmosphériques aussi difficiles à rencontrer. Comme le bec-figue se perche et ne plane pas, on plante à proximité du miroir un baliveau dépouillé de ses feuilles ; les oisillons, avertis par un appeau qui imite de la façon la plus perfide la petite note plaintive de leur chant [1], viennent se poser sur ces branches nues et c'est là qu'on les fusille à bout portant. Une chasse de ce genre est le pain béni des habitués de la bredouille et je la recommande à tous les maladroits. Du temps que j'étais gros chasseur, nous l'appelions *la chasse des perruquiers de Beaune;* il va sans dire que cette qualification, pas mal irrévérencieuse, ne nous empêchait pas de nous donner parfois ce plaisir... en cachette. »

A ces indications je n'ai rien à ajouter

---

[1] Ou plutôt cri de rappel. Le mot chant est ici impropre. Le chant et le cri de rappel des oiseaux sont toujours bien distincts ; il faut bien se garder de les confondre. C'est en automne, au moment du passage, que les oiseaux se servent le plus habituellement de leur cri de rappel.

si ce n'est qu'on réussit tout aussi bien à cette chasse en ne se servant pas du miroir ; j'ai remarqué, en effet, que les bec-figues étaient attirés beaucoup plus par l'appeau que par le miroir. Si vous tenez à vérifier cette assertion, vous n'avez qu'à pratiquer cette chasse sans appeau, avec le seul aide du miroir.

Un bon pipeur peut imiter à s'y méprendre le cri de rappel du bec-figue. On emploie pour ce pipage un petit sifflet de cuivre ou d'argent qui sert principalement à appeler les bergeronnettes et qu'à cause de cela on a baptisé en Lorraine du nom de sifflet à bergeronnettes.

Les bec-figues [1] sont très-friands de raisin, aussi si vous voulez en tuer abondamment et sans vous fatiguer, asseyez-vous simplement au bord d'une vigne, à quinze ou vingt pas d'un arbre isolé et dégarni de feuilles par le haut. Dès que

---

[1] Le passage de ces oiseaux succulents commence en Lorraine dès la fin d'août, et atteint son maximum d'intensité vers le 10 septembre. On les prend également au filet, mais en rase plaine.

vous verrez poindre un bec-figue à l'horizon, donnez quelques coups d'appeau, et presque toujours avant de descendre dans la vigne, il viendra se poser en haut de l'arbre où vous n'aurez plus qu'à l'occire.

Je me sers, à cette chasse, du plomb numéro 11 et d'une très-faible charge de poudre.

Quand le temps ne permet point d'aller au miroir, ou lorsque le soleil vient à se cacher subitement au milieu d'une belle matinée, on a du moins la ressource de la chasse au cul levé, une des plus agréables distractions que je connaisse.

Le tir de l'alouette au cul levé est un excellent exercice, non-seulement pour les débutants, mais aussi pour les chasseurs expérimentés qui veulent entretenir leur coup d'œil,

Quoiqu'on arrive assez généralement, avec de la pratique, à bien tirer au cul levé, il faut avouer cependant que ce tir présente certaines difficultés qu'il n'est pas donné à tout le monde de vaincre ; quiconque tire bien au cul levé, abat en jouant force perdreaux, cailles et bécassines.

Toutefois, pour parvenir à exceller au cul levé, il faut être naturellement adroit, avoir surtout d'excellents yeux, car par les temps sombres et brumeux, avec son plumage gris-cendré, l'alouette se profile très-mal sur l'horizon.

« C'est à partir de midi, dit le marquis de Cherville [1], que cette chasse se présente dans les conditions les plus favorables, c'est-à-dire qu'on rencontre le plus d'alouettes à terre et qu'elles partent de moins loin. On bat la plaine à bon vent et les occasions de faire feu se renouvellent à chaque instant ; comme cet oiseau tend à monter dès son essor, il est indispensable de le peu découvrir, c'est-à-dire de viser haut. »

J'ai souvent remarqué que le vent n'empêchait nullement de réussir à cette chasse ;

_________

[1] *Les trois règnes de la nature.*

au contraire, quand il souffle avec une certaine force, l'alouette part presque dans vos jambes, ce qui vous permet de la viser soigneusement.

Lorsqu'une alouette isolée se lève devant vous, tâchez de remarquer exactement l'endroit où elle va se poser, cette remarque faite, sans la perdre de vue un seul instant, avancez lentement vers elle jusqu'à bonne portée de fusil ; vous parviendrez de cette façon à en tuer beaucoup à terre [1] surtout dans les champs nouvellement labourés et ensemencés.

L'époque la plus propice à cette chasse n'est pas, comme on pourrait le croire, celle du passage ; en voici la raison : au moment du passage, les alouettes sont réunies en bandes et se laissent approcher plus difficilement ; si l'on arrive à bonne portée, elles s'envolent presque toujours toutes ensembles, et alors, ébloui par cette nuée papillonnante, on ne sait souvent quel oiseau mettre en joue, ou bien

[1] De toutes les alouettes, celle qui se dissimule le mieux à terre est le cujélier (alouette de bois).

on tire au hasard, à la grande satisfaction des pauvres bêtes qui, dans ce cas, en sont généralement quittes pour la peur.

Au mois de septembre, au contraire, et dans les premiers jours d'octobre, les alouettes vivent encore isolées ou réunies en petits groupes, ce qui rend leur tir infiniment plus facile, attendu qu'on peut sans peine les viser individuellement.

Si vous manquez du premier coup, ne doublez pas, croyez-moi : votre second coup trouverait l'oiseau déjà hors de portée.

Laissez votre chien au logis, sa présence ne servirait qu'à effrayer les alouettes et à les faire partir hors de portée.

« Il est, dit Deyeux [1], une autre manière de tirer pas mal d'alouettes, c'est de ceindre une casquette à miroir ou de s'attacher au bras gauche un brassard en cuir dans le même genre ; de cette manière en peut battre la plaine tout en chassant au cul levé devant soi. Les

[1] *Journal des chasseurs,* année 1842, article sur la chasse au miroir.

alouettes approchent moins que lorsqu'on demeure en place, mais elles viennent cependant et s'aventurent assez pour se trouver à portée de fusil. »

Farceur, va!!! Il y aurait un moyen beaucoup plus sûr pour attirer les alouettes, ce serait de revêtir un costume de saltimbanque tout pailleté d'or et d'argent!!!

Quelques novices s'imaginent accroître leurs chances de succès en employant l'appeau au cul levé; il n'en est rien. Une alouette que l'on fait brusquement partir devant soi file son nœud et n'obéit jamais à l'appeau.

Cependant, tout en battant le terrain, on peut, avec l'appeau, faire venir à bonne portée les alouettes qui passent en l'air. Si l'on veut en tuer quelques douzaines de cette façon, il est bon de s'asseoir au bord d'un champ nouvellement ensemencé, les alouettes qui raffolent de blé descendent dans les semailles beaucoup plus volontiers que partout ailleurs.

# APPENDICE

## DES OISEAUX QUI OBÉISSENT AU PIPAGE

L'art d'appeler les oiseaux, autrement dit l'art de piper [1], cet art si difficile, et qui demande tant d'expérience et de pratique, est encore bien arriéré.

Il ne faut pas toutefois s'en étonner, car, outre la difficulté intrinsèque qu'il présente, le cri de rappel de la plupart des oiseaux est trop compliqué ou trop bizarre pour qu'il soit possible de le contrefaire convenablement.

Jusqu'à présent, on n'a pas réussi à

[1] Nous ne nous occupons dans tout ce chapitre que des *petits oiseaux*. Il va sans dire que le pipage ne sert véritablement qu'à la chasse au filet.

6.

imiter le cri de rappel des mésanges, des traquets, des tariers, du merle, de la grive [1] , du rouge-gorge, du rouge-queue, des fauvettes, du loriot, des grimpereaux, des pics, des roitelets, du moineau , etc., etc...

Selon moi, cette difficulté d'imitation tient principalement à la tonalité bizarre des notes qui composent le cri de rappel de ces divers oiseaux ; presque tous, il est vrai, viennent à la frouée, mais la frouée est une pauvre ressource ; d'ailleurs, elle ne peut servir qu'à la tendue aux gluaux, chasse interdite depuis 1844.

Bien minime est le nombre des appeaux existants actuellement. Je crois qu'il y aurait là des innovations à tenter, des améliorations à opérer. C'est aux chasseurs, aux oiseleurs, aux tendeurs qu'il appartient d'inventer de nouveaux appeaux, mais c'est aux fabricants d'usten-

[1] Il existe bien un appeau à grive, mais il ne vaut absolument rien. On parvient encore à imiter leur cri de rappel en faisant jouer d'une certaine façon son petit doigt entre ses lèvres, mais elles ne prêtent pas la moindre attention à ce pipage ; telle est la vérité.

siles de chasse, à faire fabriquer avec soin ceux qui existent actuellement.

Sur cent appeaux, on n'en trouve pas plus de dix qui soient bons; si on en veut un parfait, il faut le choisir entre mille et s'estimer bien heureux si on le rencontre. Presque tous rendent un son ou trop élevé, ou trop bas, trop fort ou trop faible.

Maintenant, il est certain que les oiseaux n'obéissent pas tous avec une égale docilité au pipage, même quand il est supérieurement fait.

Le commandant Garnier se trompe certainement, en affirmant que chaque oiseau doit obéir à un pipage bien fait.

Les bruants, par exemple, obéissent très-mal au pipage, excepté lorsqu'ils sont réunis en bande ou mêlés à des linots, et cependant, on imite très-exactement leur cri de rappel avec un appeau à alouette ou à linot.

Les bergeronnettes [1], au contraire, obéissent admirablement au pipage, et,

---

[1] La bergeronnette jaune, ou hoche-queue de fontaine, fait exception ; elle ne prête aucune attention au pipage.

cependant, on ne les imite que très-im-
parfaitement. On contrefait également
très-bien le cujelier ou alouette des bois [1],
et elle obéit rarement malgré cela.

Les oiseaux qui obéissent le mieux au
pipage sont :

Les linots [2], lorsqu'ils sont en plaine et
réunis en bande, — les bergeronnettes [3]
ou lavandières et bergeronnettes de prin-

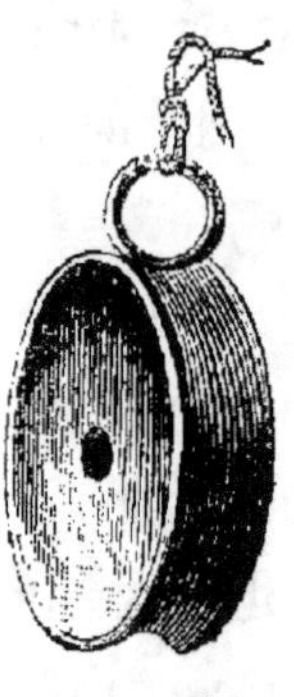

Fig. 9.—Appeau à linot.

[1] Pour prendre cette alouette au filet, on se sert d'appelants, c'est-à-dire, d'oiseaux de la même espèce que l'on enferme dans de petites cages placées entre les deux nappes et couvertes d'herbes, afin de les dissimuler le mieux possible.

[2] On emploie pour imiter les linots un sifflet spécial de forme elliptique. Cet appeau sert également à piper les bruants, les sizerins, les pinçons d'Ardennes, les alouettes de bois.

[3] On emploie pour piper les bergeronnettes un petit sifflet, en cuivre ou en argent; on s'en sert également pour

Fig. 10. — Appeau à bergeronnette et à bec-figue.

piper les bec-figues, le verdier, l'ortolan de roseau, le cini.

temps, — le bec-figue, — l'alouette commune, — l'alouette pipi [1], — le chardon-
neret [2], — le verdier, — l'ortolan de roseau, — le sizerin [3], nommé en Lorraine :
linot d'Ardennes, le pinson d'Ardennes [4].

Ceux qui y obéissent le moins bien sont :
Le cini [5], — les bruants, excepté lors-

[1] Se pipe avec un appeau spécial, moitié plus petit que

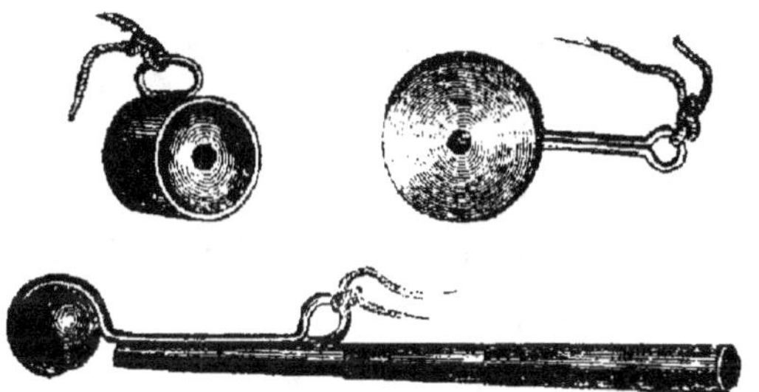

Fig. 11, 12 et 13. — Appeaux à alouette pipi.

celui à bergeronnettes.

[2] Se pipe avec le sifflet à bergeronnettes, mais surtout
avec la bouche.

[3] Se pipe avec un sifflet à linot et comme le linot. Cet
oiseau, qui habite l'extrême Nord, ne vient en France que
pendant les hivers les plus rudes. Buffon a donné deux
fois son histoire sous les noms de cabaret et de sizerin.
Voilà qui prouve, une fois de plus, la valeur de Buffon,
comme ornithologiste.

[4] Se pipe avec le sifflet à linot et comme le linot. Ne vient
également en France que par les grands froids.

[5] Ce charmant petit oiseau, très-commun en Provence
et en Italie, est aussi assez répandu dans la vallée du Rhin

qu'ils sont réunis en bande ou mêlés à des linots, — le proyer [1], — l'alouette des bois ou cujelier, — le cochevis ou alouette huppée [2], — le tarin [3].

Les oiseaux enfin qu'on n'est pas parvenu à imiter, soit avec un appeau, soit avec la bouche, sont, comme je l'ai déjà dit plus haut : le merle, le gros-bec, la grive, le bec-croisé, les pics, les grimpereaux, les mésanges, le rossignol, les fauvettes, le roitelet, la huppe, le loriot, le moineau, le traquet, le tarier, le rougegorge, le rouge-queue, le pinson ordinaire, la gorge-bleue, etc...

Beaucoup de ces oiseaux rappellent en cage et servent d'appelants à la chasse au filet; parmi eux, je citerai le bruant,

et en Lorraine, aux environs de Metz, où il habite ordinairement les vergers. Avec un appelant, on le prend assez facilement au filet.

[1] Se pipe avec le sifflet à bergeronnettes, mais écoute rarement.

[2] Se pipe avec le sifflet à alouette, mais très-médiocrement; obéit rarement.

[3] Se pipe avec le sifflet à alouette, mais très-médiocrement aussi. Pour prendre le tarin au filet, il faut des appelants.

le pinson, le tarin, le cini, le sizerin, l'alouette de bois, le verdier, le chardon- neret, etc...

Le commandant Garnier a tort de prétendre que « pour les alouettes et les bec-figues, le même appeau suffit très- bien, lorsqu'on sait s'en servir habile- ment ». Quelque habile que l'on soit, il est impossible de contrefaire convena- blement le cri de rappel du bec-figue avec un sifflet à alouette à tube allongé. On ne peut piper cet oiseau qu'avec le sifflet à bergeronnette.

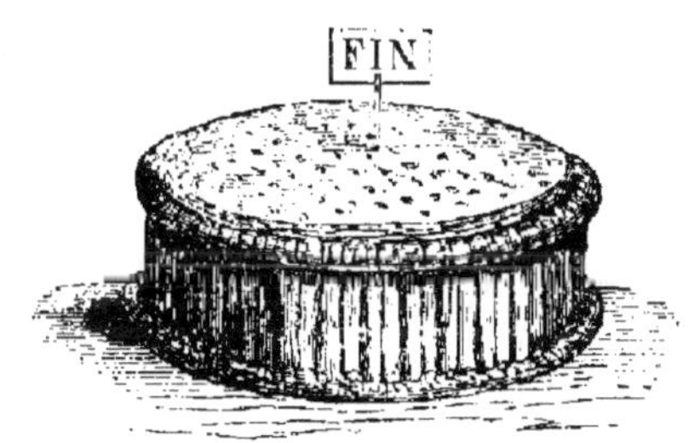

# TABLE DES MATIÈRES



## APPENDICE




Évreux, A. Hérissey, imp — 1071.

# ENCYCLOPÉDIE ILLUSTRÉE DU SPORTSMAN

**Nouveau traité des chasses à courre et à tir**, par le baron DE LAGE DE CHAIL·
LOU; A. DE LA RUE, inspecteur des forêts de l'Etat, et le marquis DE CHERVILLE
2 vol. in-8°, ornés de figures dans le texte............................... **20 fr**
   *Le même*, sur papier vergé, tiré à 50 exemplaires............. ...... **40 fr.**

**Alouettes.** — Le chasseur d'alouettes au miroir et au fusil, par NÉRÉE QUÉPAT. 1 vol.
in-18 orné de figures....................................... ... .......... **1 50**

**Chasse.** — Soixante années de chasse. Pratique de la chasse, J.-A. CLAMART, 2ᵉ édit.
1 vol. in-18 orné de figures........................ .. .................... **3 50**

**Chasseurs.** — Conseils aux chasseurs. Manière de peupler et d'entretenir une chasse
de menu gibier; élevage du gibier, etc., par BEMELMANS. 1 vol. in-18, orné de
figures.................. .. ...... ......... .. ..,.. ...................... **3 50**

**Chasseur infaillible** (*Le*). — Guide complet du sportsman contenant l'usage du
fusil, le tir, le vol des oiseaux, le dressage des chiens, par MARKSMAN, traduit de
l'anglais sur la 3ᵉ édition, par Ch. KERDOEL, augmenté d'un appendice sur le tir de la
caille, des oiseaux de marais et du gibier de mer. 1 vol. in-18, orné de figures. **3 50**

**Chevaux.** — Conseils aux acheteurs de chevaux, ou Traité de la conformation exté-
rieure du cheval à l'état de santé ou de maladie, avec de nombreuses instructions
pour l'appréciation, avant la vente, des vices, défauts, affections, etc., suivi de la
loi sur les vices rédhibitoires et la garantie du vendeur, par JOHN STEWART, traduit
de l'anglais par le baron D'HANENS. 1 vol. in-18 orné de figures............ **3 50**

**Chevaux.** — Conseils aux éleveurs de chevaux par DU HAYS. 1 vol. in-18. Fig. **3 50**

**Chien de chasse** (*Du*). Chiens d'arrêt, espèces et variétés, élevage, hygiène, nourriture, maladie, éducation, dressage, par les auteurs du *Nouveau Traité des chasses à
courre et à tir*. 1 vol. in-18 avec figures ..................................... .. **2 50**
   *Le même*, sur papier vergé, tiré à 50 exemplaires.......... ............ .. **5 fr.**

**Chien de chasse** (*Du*). Chiens courants, espèces et variétés, élevage, hygiène, nourriture, maladies, éducation, dressage, par les auteurs du *Nouveau Traité des chasses
à courre et à tir*. 1 vol. in-18 avec fig. et un plan de chenil chromo-lithographié. **3 50**
   *Le même*, sur papier vergé, tiré à 50 exemplaires.................... **7 fr.**
   Ces deux ouvrages sont extraits en partie du *Nouveau Traité des chasses à courre
et à tir*

**Chiens.** — Les maladies des chiens et leur traitement, par le docteur HERTWIG 2ᵉ édit.
1 vol. in-18............................................ ... ......... ............ **3 50**

**Coq de bruyère** (*La chasse au*). Histoire naturelle mœurs, lieux habités par ces
oiseaux. L'art de les chercher, de les tirer, de les élever en volière, par LÉON DE
THIER. 1 vol. in-18. Fig..... ................. ................. ...... **2 50**

**Écurie.** — Économie de l'écurie. Traité de l'entretien et du traitement des chevaux
(écurie, pansage, nourriture, boisson, travail), par JOHN STEWART, traduit de l'anglais
sur la 7ᵉ édition par le baron D'HANENS. 1 vol. in-18 orné de figures........,.... **3 50**

---

**Cailles, Perdrix, Colins ou Cailles d'Amérique.** — Guide pratique pour les
élever, etc., par ALLARY. Edition augmentée d'un chapitre sur l'*Incubation artifi-
cielle*, par A. LEROY. 1 vol. in-18. Fig ............................... **1 50**

**Chasse.** — Carnet de chasse. In-18 oblong, cartonné, toile anglaise.......... **2 50**

**Faisans, Canards mandarins, Cygnes**, etc. Guide pratique pour les élever,
ARTHUR LEGRAND. 1 vol. in-18 avec figures.............................. **2 fr.**

**Oiseaux de volière** (*Manuel de l'amateur des*), ou Instruction pour connaître, élever, conserver et guérir toutes les espèces d'oiseaux que l'on aime à garder en volière ou dans la chambre, par BECHSTEIN, traduit de l'allemand sur la 2ᵉ édit., orné
de figures dans le texte ...... ....................... .................... **3 50**

**Oiseaux de volière** (*Petits*) : *Cacatois, Aras, Perroquets, Perruches* et autres passe-
reaux exotiques. Conservation, reproduction, par A. MERCIER. 1 vol, petit in-18. **1 50**

**Rossignols.** — Manuel sur l'art de prendre vivants et d'élever les rossignols, par
CONORT. 1838. In-18.... ......................................... ...... **2 50**

---

Evreux, A. HÉRISSEY, imp —1071.

www.ingramcontent.com/pod-product-compliance
Lightning Source LLC
LaVergne TN
LVHW050844200726
843507LV00001B/418